Abdelhak Chergui

Flore des dunes littorales de la Méditerranée Orientale du Maroc

Abdelhak Chergui

Flore des dunes littorales de la Méditerranée Orientale du Maroc

Biodiversité et Ecologie

Presses Académiques Francophones

Impressum / Mentions légales

Bibliografische Information der Deutschen Nationalbibliothek: Die Deutsche Nationalbibliothek verzeichnet diese Publikation in der Deutschen Nationalbibliografie; detaillierte bibliografische Daten sind im Internet über http://dnb.d-nb.de abrufbar.

Alle in diesem Buch genannten Marken und Produktnamen unterliegen warenzeichen-, marken- oder patentrechtlichem Schutz bzw. sind Warenzeichen oder eingetragene Warenzeichen der jeweiligen Inhaber. Die Wiedergabe von Marken, Produktnamen, Gebrauchsnamen, Handelsnamen, Warenbezeichnungen u.s.w. in diesem Werk berechtigt auch ohne besondere Kennzeichnung nicht zu der Annahme, dass solche Namen im Sinne der Warenzeichen- und Markenschutzgesetzgebung als frei zu betrachten wären und daher von jedermann benutzt werden dürften.

Information bibliographique publiée par la Deutsche Nationalbibliothek: La Deutsche Nationalbibliothek inscrit cette publication à la Deutsche Nationalbibliografie; des données bibliographiques détaillées sont disponibles sur internet à l'adresse http://dnb.d-nb.de.

Toutes marques et noms de produits mentionnés dans ce livre demeurent sous la protection des marques, des marques déposées et des brevets, et sont des marques ou des marques déposées de leurs détenteurs respectifs. L'utilisation des marques, noms de produits, noms communs, noms commerciaux, descriptions de produits, etc, même sans qu'ils soient mentionnés de façon particulière dans ce livre ne signifie en aucune façon que ces noms peuvent être utilisés sans restriction à l'égard de la législation pour la protection des marques et des marques déposées et pourraient donc être utilisés par quiconque.

Coverbild / Photo de couverture: www.ingimage.com

Verlag / Editeur:
Presses Académiques Francophones
ist ein Imprint der / est une marque déposée de
OmniScriptum GmbH & Co. KG
Heinrich-Böcking-Str. 6-8, 66121 Saarbrücken, Deutschland / Allemagne
Email: info@presses-academiques.com

Herstellung: siehe letzte Seite /
Impression: voir la dernière page
ISBN: 978-3-8416-3345-3

Zugl. / Agréé par: Oujda, Université Mohammed Premier, 2014

Copyright / Droit d'auteur © 2015 OmniScriptum GmbH & Co. KG
Alle Rechte vorbehalten. / Tous droits réservés. Saarbrücken 2015

Abdelhak CHERGUI

Flore des dunes littorales de la Méditerranée Orientale du Maroc

Biodiversité et Ecologie

Ce travail qui s'insère pleinement dans la politique nationale de la gestion intégrée des zones côtière (GIZC), est une contribution à la connaissance de la biodiversité floristique des dunes littorales de la méditerranée orientale du Maroc et une contribution à la connaissance de l'écologie des plantes dunaires littorales. L'étude menée pendant trois ans de 2010 à 2012, dans les dunes littorales du SIBE (Site d'Intérêt Biologique et Ecologique) de l'embouchure de la Moulouya (les dunes des deux rives de l'oued de la Moulouya et les dunes de la falaise morte de Qamqoum El Baz) et du SIBE de la lagune de Nador (les dunes de la plage Mohandis II) a permis d'élaborer un catalogue floristique de la flore dunaire, de comparer cette flore avec celle d'autres dunes littorales et de donner une interprétation écologique de sa répartition spatiale en allant de la plage vers les dunes fixées (ou dépressions dunaires).

Table des matières

Introduction.. 6

Chapitre 1 : Aperçu sur les dunes littorales

I- Les dunes littorales...7

1-Définition...7

2-Les zones dunaires littorales...7

II- Caractéristiques physico-chimiques du milieu dunaire...............9

1-La mobilité du sable..10

2-La pauvreté en sol en nutriments..10

3-La manque d'eau : les stress hydrique....................................10

4-La salinité : les stress salin...10

5-Le vent..10

III-Formation et évolution des dunes littorales............................11

1-Formation de la dune embryonnaire......................................11

2-De la dune embryonnaire à la dune mobile.............................11

3-De la dune mobile à la dune fixée et boisée............................12

Chapitre 2 : Flore des dunes littorales du SIBE de l'embouchure de la Moulouya et du SIBE de la lagune de Nador

I-Présentation du SIBE de l'embouchure de la Moulouya et du SIBE de la lagune de Nador...13

1-Situation géographique..13

2-Hydrologie..15

3-Le climat..15

II-La flore des dunes littorales du SIBE de l'embouchure de la Moulouya et du SIBE de la lagune de Nador..15

1-L'échantillonnage de la végétation..15

2-Les espèces floristiques dunaires..16

3- La répartition systématique de la flore dans l'ensemble des deux SIBES........26

4- La répartition systématique de la flore dans chaque zone..............................30

5-La flore dunaire : biodiversité, similitude et endémisme 31

Chapitre 3 : Ecologie de la flore dunaire littorale

I- Facteurs abiotiques contrôlant la répartition de la flore dunaire...................34

1-La salinité du substrat..34

2-L'ensablement...34

II-Interprétation écologique de la répartition de la flore dunaire dans les zones littorales...34

1- La plage..34

2-Les dunes embryonnaires..35

3-Les dunes mobiles...38

4- Les dunes semi fixées ou dos des dunes mobiles.......................................40

5- Les dépressions dunaires ou dunes fixées..43

Conclusion... 47

Annexe.. 48

Références bibliographiques... 49

Introduction

Les dunes littorales sont des écosystèmes qui représentent une transition entre le milieu marin et le milieu continental. Il s'agit d'un patrimoine naturel précieux et d'une grande valeur écologique, biologique, paysagère et socioéconomique. En effet outre leur rôle dans la protection du littoral contre les tempêtes et la prévention des risques d'inondation, les dunes littorales abritent une grande biodiversité aussi bien faunistique (Bouraada, 1996 ; Chavanon, 2003 ; Jaulin et Soldati, 2005) que floristique (Atbib, 1988 ; Haloui et *al.* 2003a,b ; Benhoussa et Dakki, 2003a,b ; Bellaghmouch et *al.* 2008; Amini et *al.* 2008) et constituent aussi une réserve de sable pour la plage (Passkoff, 2005).Cependant l'état de ces milieux côtiers fragiles est actuellement alarmant, puisque la plupart des dunes littorales sont dégradées en raison de la pression humaine, notamment le tourisme balnéaire et l'urbanisation du littoral (Ley de la Vega et *al.* 2012).

Le littoral du Maroc s'étend sur une distance de 3550km en jalonnant le pourtour méditerranéen et atlantique (Melhaoui et El Hafid, 2008).Celui de la méditerranée s'étend sur une longueur de 550km depuis la ville de Saidia jusqu'à la ville de Tanger (Laouina, 2006). La partie orientale de ce littoral abrite quatre sites côtiers à intérêts biologiques et écologiques (SIBE) : la lagune de Nador, le cap des trois fourches, le jbel Gourougou et l'embouchure de la Moulouya. Notre étude s'intéresse aux écosystèmes dunaires du littoral méditerranéen : les dunes du SIBE de l'embouchure de la Moulouya et les dunes du SIBE de la lagune de Nador.

L'état des dunes littorales du SIBE de l'embouchure de la Moulouya et du SIBE de la lagune de Nador est actuellement alarmant (dégradation de l'écosystème dunaire, ensablement de l'arrière-pays, perte de la biodiversité,...). Ainsi cette étude qui s'insère pleinement dans la politique nationale de la gestion intégrée des zones côtière (GIZC), permet d'approfondir les connaissances sur la flore dunaire et sur son écologie.

Chapitre 1 : Aperçu sur les dunes littorales

I- Les dunes littorales

1-Définition

Les dunes sont des accumulations de sable, qui se déposent suite à la chute de la vitesse du vent. Ce ralentissement est conditionné par la présence d'un obstacle (caillou, végétation...) qui piège les grains de sable. Sur la plage, selon la vitesse du vent et l'alimentation en sable, les dunes littorales forment des chaînes parallèles au rivage, ou s'organisent en croissant dont la concavité est tournée face au vent : ce sont les dunes dites paraboliques (figure 1).

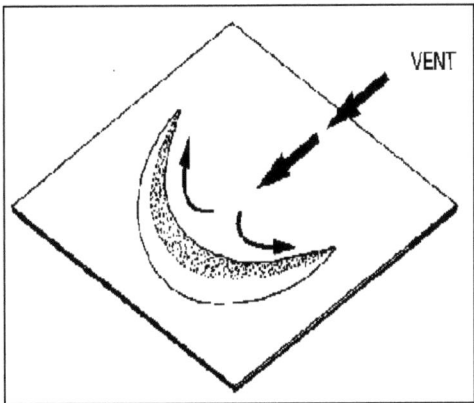

Figure 1: Une dune parabolique littorale (FAO, 1988)

2- Les zones dunaires littorales

De manière classique, le paysage dunaire peut être décrit comme une succession de zones bien définies (figure 2). Ces fractions dunaires, ou faciès, correspondent à la fois à une division morphodynamique et à une division phytosociologique (Forey, 2007).

Ce profil dunaire (figure 2), typique des dunes atlantiques, se trouve toutefois très modifié selon les environnements sédimentaires (lagunes, estuaires…), le contexte géologique et hydrodynamique dans le lequel il se trouve et selon l'activité humaine. Ainsi en fonction des phases d'érosions ou d'accrétion, ce schéma dunaire peut être raccourci (ex : falaise vive) ou être bien développé (falaise morte comme c'est le cas de Qamqoum El Baz, méditerranée-Maroc oriental). De même dans l'embouchure de la Moulouya et la lagune de Nador (méditerranée, Maroc oriental) par exemple, des dépressions dunaires salées, formant des sansouires, succèdent aux dunes semi-fixées.

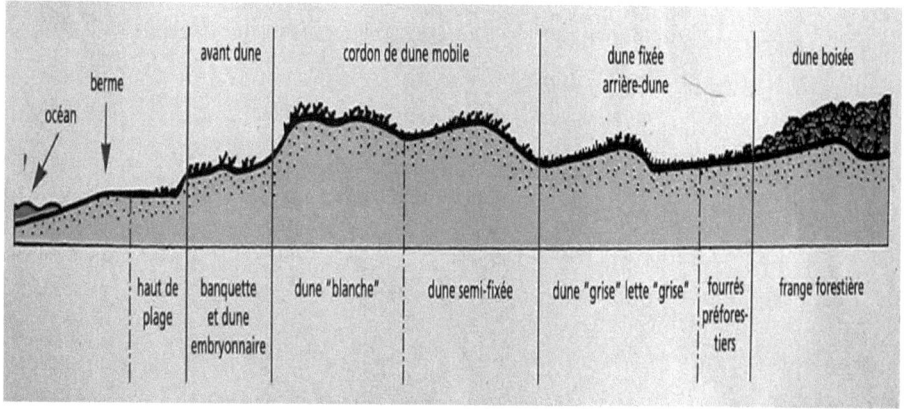

Figure 2 : Schéma des zones dunaires littorales (Olivier et *al.* 2006)

La nomination des zones dunaires peut varier aussi selon les auteurs. Ainsi pour Paskoff (2005) et Duvat et *al.* (2010) les avants dunes, dans le sens large, englobent aussi bien les dunes embryonnaires que les dunes mobiles (appelées aussi dunes vives ou dunes blanches), alors que pour Olivier et *al.* (2006), Forey (2007), Favennec (2001), Favennec et *al.* (2007), elles désignent uniquement les dunes embryonnaires. De même pour les dunes semi-fixées qui font soit partie des dunes mobiles (Olivier et *al.*2006), soit constituer une transition entre les dunes mobiles et les dunes grises (Forey, 2007).

II- Caractéristiques physico-chimiques du milieu dunaire

De la mer vers l'intérieur des terres, les conditions de vie se modifient (figure 3). L'exposition aux influences marines (embruns, ensablement, action du vent, apports organiques des laisses de mer) diminue, tandis que le sol est de plus en plus développé (processus de pédogénèse de plus en plus avancé vers l'intérieur des terres). D'une manière générale, la salinité, l'ensablement, la taille du sable, le pH et la teneur du sol en carbonate du calcium diminuent vers l'intérieur, alors que la teneur en matière organique et en nutriments augmentent (Brown et McLachlan, 1994 ; Martínez et Psuty, 2004). L'intensité de ces facteurs détermine l'existence d'un gradient zonal (figure 3) qui s'étend de la plage vers l'intérieur (Carter, 1990).

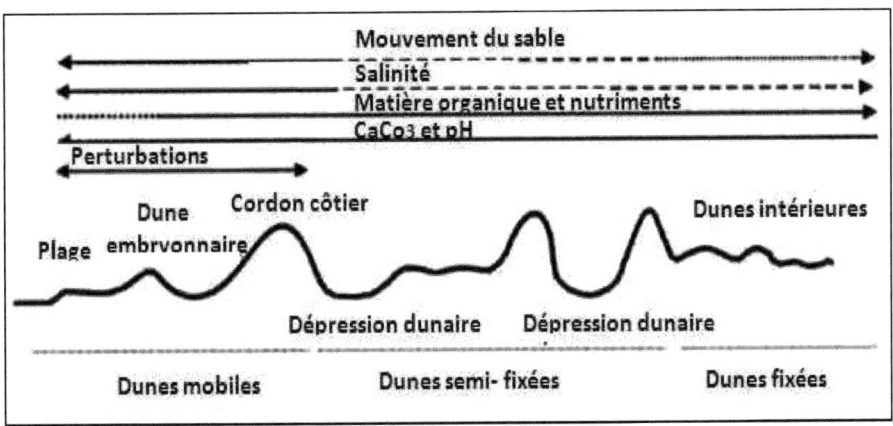

Figure 3 : Gradients abiotiques en dunes côtières (modifié de Carter, 1988 et Brown et McLachlan, 1994)

Le substrat sableux du littoral est loin d'être le biotope idéal et les plantes doivent développer des stratégies particulières et variées pour vivre dans ce milieu hostile. En effet les plantes dunaires doivent affronter cinq contraintes majeures : la mobilité du sable, la pauvreté du sol en nutriments, le manque d'eau, l'agressivité du vent et la salinité (Favennec et al. 1998).

1- La mobilité du sable

Le substrat sableux est instable puisqu'il est mobile et menace en permanence la plante d'être déchaussée.

2- La pauvreté du sol en nutriments

Les terrains sableux sont généralement pauvres en éléments nutritifs, notamment en azote (Gehu, 1975 ; Forey, 2007), qui est un élément indispensable pour la croissance et le développement des végétaux (Heller et *al*. 1993).

3- Le manque d'eau : le stress hydrique

La végétation doit résister au stress hydrique imposé par le sol sableux poreux qui ne retient pas l'eau (Forey, 2007). La situation est encore plus rigoureuse dans les régions à bioclimat semi-aride et aride où les faibles précipitations accentuent le stress hydrique. Dans ce dernier cas le stress hydrique a une double origine : édaphique et climatique.

4- La salinité : le stress salin

Les dunes situées en premier plan face à la mer sont sous l'influence du sel véhiculé par les embruns et les grandes marées. Ce sel se dépose sur le sol et sur la végétation dunaire (les feuilles en particulier). Le drainage par les eaux pluviales amène le sel en profondeur vers les racines et la solution du sol.

5- Le vent

Sur les zones littorales le vent est fréquent et parfois violent. Ce facteur peut agir sur la flore par plusieurs manières :

- Action mécanique sur le port végétal et action physique par le dessèchement qu'il engendre : le vent peut agir sur les plantes en causant des dommages mécaniques (torsion, casse) sur les feuilles et tiges (Ripley, 2002) et en augmentant la transpiration (Heller et *al*. 1993). Cependant certains auteurs considèrent que le vent n'agit comme un facteur de stress que dans les écosystèmes continentaux (Grace et Russell, 1982). Le vent, en apportant de la mer ou de l'océan un air chargé en humidité, diminue le stress hydrique et thermique en avant dune (Forey, 2007). A l'inverse, l'arrière dune, qui est protégée des embruns par la topographie de la dune, ne bénéficie pas de cet effet améliorant du vent.

- Action mécanique corrosive sur la partie aérienne de la plante par les grains de sable transportés par le vent (Yura et Ogura, 2006).
- Action chimique via les embruns (salinité surtout) (Forey, 2007).

III- Formation et évolution des dunes littorales

1- Formation de la dune embryonnaire

A marée basse, le sable se dessèche en surface et le vent entraîne les grains de sable vers le haut de la plage. Le premier obstacle rencontré par le vent est la laisse de mer (débris végétaux arrachés par la mer et déposés par les grandes vagues, coquilles, graines, rhizomes,…) qui initie la formation des dunes embryonnaires ou banquettes (Paskoff, 2005). Ces dernières seront colonisées par des végétaux pionniers halonitrophiles comme *Agropyron junceum* et *Cakile maritima*. Les dunes embryonnaires sont particulièrement fragiles et sensibles aux caprices de la météo et au piétinement qui pourront les réduire à néant.

2- De la dune embryonnaire à la dune mobile

La dune embryonnaire va servir de germe pour l'accumulation de nouveaux sables. Ainsi des plantes comme *Ammophila arenaria* (ou oyat) prennent le relais. L'oyat transformera naturellement ces dunes en dune mobiles ou avant dune (Duvat et *al.* 2010). Ainsi s'amorce l'édification du cordon littoral. Cette graminée qui adopte une stratégie d'évitement (May et Milthrope, 1962 ; Leviit, 1972) (malgré la présence de l'agent stressant la plante évite ses effets nocifs), est très adaptée au stress hydrique et salin et à l'ensablement.

3- De la dune mobile à la dune fixée et boisée

Grace à l'oyat et avec le temps la couverture de sable devient de plus en plus fournie et le piégeage du sable (par les touffes de feuilles) d'origine marine accélère la croissance de l'oyat. Progressivement les dunes mobiles seront stabilisées en dunes fixées et le système peut évoluer en une forêt de genévrier (Sulzlee, 1963), de chêne ou de pin (Parisod et Baudière, 2006 ; Forey, 2007).

Chapitre 2 : Flore des dunes littorales du SIBE de l'embouchure de la Moulouya et du SIBE de la lagune de Nador

I-Présentation du SIBE de l'embouchure de la Moulouya et du SIBE de la lagune de Nador

1-Situation géographique

Le SIBE de l'Embouchure de la Moulouya (figure 4) est un complexe de zones humides d'environ 4500 ha (Melhaoui et El Hafid, 2008), situé à l'extrême Nord- Est du Maroc, entre les latitudes 34°40'N et 35°08'N et entre les longitudes 02°10'W et 02°50'W (Dakki, 2006).

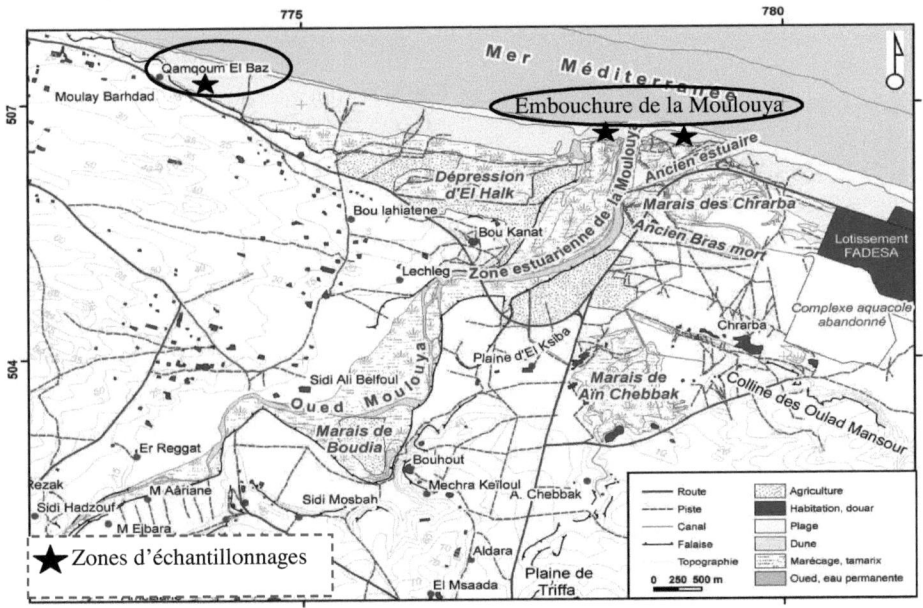

Figure 4 : Le SIBE de l'embouchure de la Moulouya (Dakki, 2006)

Le SIBE classé site RAMSAR en 2005 (Melhaoui et El Hafid, 2008), s'étend de la limite Ouest de la station balnéaire de Saidia jusqu'à la falaise morte de Qamqoum El Baz (figure 4) et du marécage Ain Zerga à l'amont jusqu'à l'embouchure de Moulouya à l'aval, et comprend le marais de Chrarba, la dépression d'El Halq, les dunes de sables de part et d'autre de la rivière ainsi que les berges de la rivière.

Le SIBE de la lagune de Nador (Sebkha Bou Areg ou de Mar Chika), classé site RAMSAR en 2005 (Amini et *al.* 2008), est situé dans la région orientale du Maroc dans la latitude 35°10'N et entre les longitudes 02°45'W et 02°57'W (figure 5). Il occupe une surface de 14,000 ha. Le SIBE est une importante zone lagunaire du littoral méditerranéen, Il est composé de la lagune de Nador, de ses cordons dunaires Sud- Est et Nord-Ouest, et des marais salants de Kariat Arekmane.

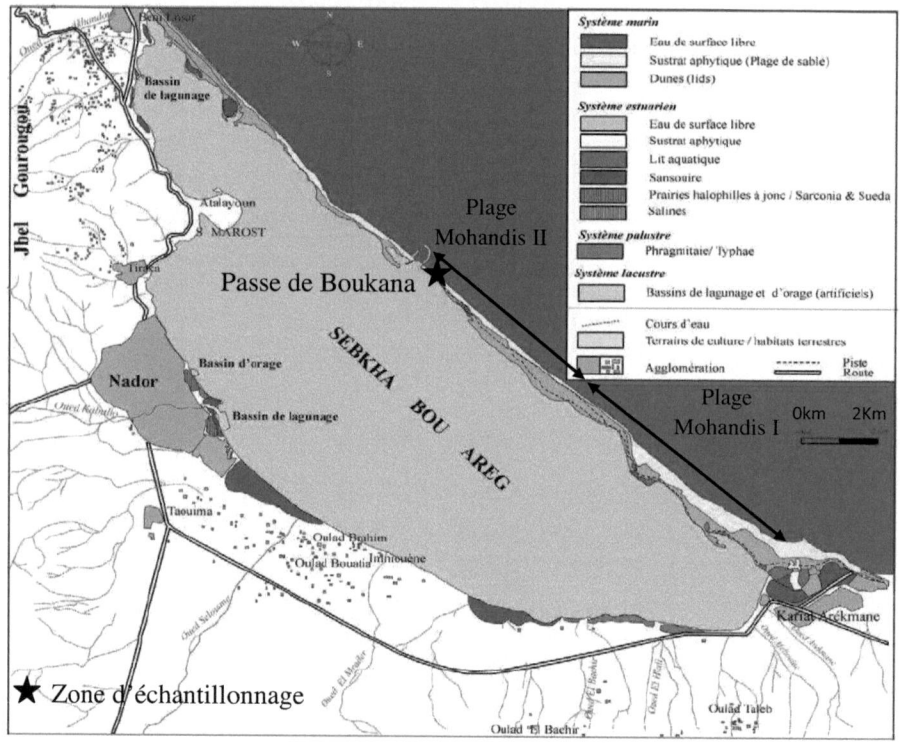

Figure 5 : Le SIBE de la lagune de Nador (MedWetCoast, 2003)

2-Hydrologie

Les principales nappes dans la région nord orientale sont représentées par la nappe des Béni Znassen, la nappe de Triffa et la nappe de Bou Areg. Les eaux superficielles courantes sont représentées principalement par l'oued Moulouya, oued Bouaroug, oued Selwane et oued Afelioun (Irzi, 2001 ; Guelorget et Perthuisot 1983).

3- Le climat

La région méditerranéenne orientale du Maroc connait un bioclimat semi-aride tempéré avec un étage de végétation de type thermoméditerranéen. Le long de la côte méditerranéenne l'humidité relative (moyenne annuelle) reste voisine de 75% (Atbib, 1988). Les vents qui dominent sont ceux de l'Ouest et du Sud-Ouest, fréquent surtout en hiver, et ceux de l'Est et du Nord-Est qui dominent en été (khattabi et *al.* 2008). La mer méditerranéenne ne connaît ni courants forts ni haute barre ; la marée semi diurne a une faible amplitude variant de 0,8 à 1 m (Laouina, 2006).

II-La flore des dunes littorales du SIBE de l'embouchure de la Moulouya et du SIBE de la lagune de Nador

1-L'échantillonnage de la végétation

L'échantillonnage a été réalisé dans les dunes littorales de quatre zones ; les deux rives de l'embouchure de la Moulouya, Qamqoum El Baz (figure 4) et la plage de Mohandis II près de la passe de Boukana (figure 5). Chaque zone contient 5 zones littorales : la plage, les dunes embryonnaires, le sommet des dunes vives, le dos des dunes vives (ou dune semi fixée) et les dépressions dunaires ou dunes fixées (zones sèches du marais de Chrarba et de la lagune de Nador, dépression d'El Halq et la dépression dunaire de Qamqoum El Baz).

L'échantillonnage s'est déroulé durant la saison du printemps. Pour des raisons de vérification, l'échantillonnage s'est déroulé sur une durée de trois ans de 2010 à 2012.

2-Les espèces floristiques dunaires (figure 6)

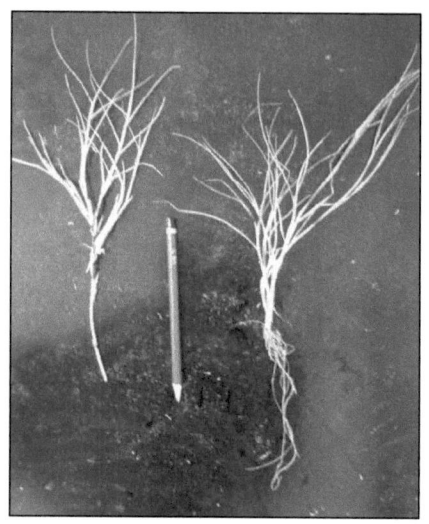

Agropyron junceum

Salsola kali

Mesenbryanthemum crystallinum

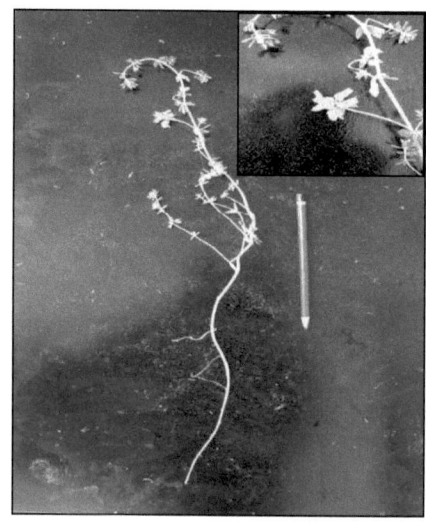

Lotus creticus

Lotus edulis

Orlaya maritima

Anthemis maritima

Silene colorata

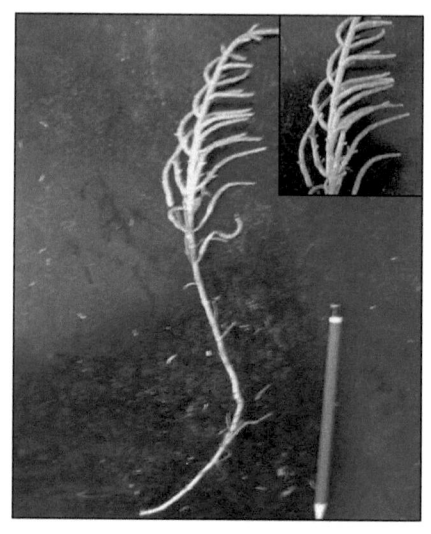

Sarcocornia fructicosa

Suaeda vera

Ammophila arenaria

Launaea arborescens

Plantago albicans

Hieracium sp

Senecio leucanthemifolius ssp. crassifolius

Medicago marina

Cakile maritima

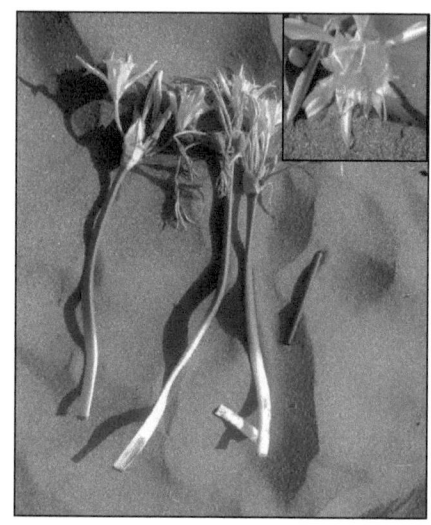

Pancratium maritimum

Eryngium maritimum

Limonium delicatilum

Carpobrotus edulis

Otanthus maritimus

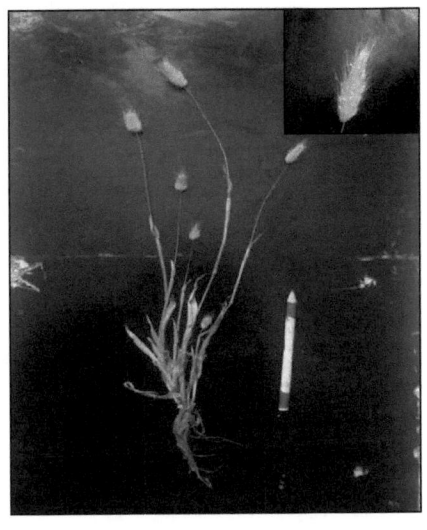

Lagarus avatus

Crucianella maritima

Centaurea seridis

Euphorbia paniculata

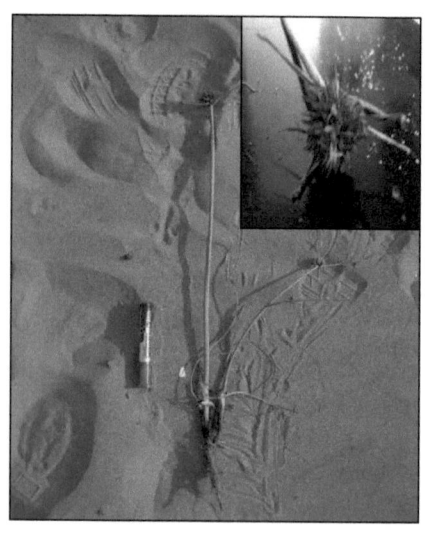

Cyperus capitatus (ou kali)

Erodium chium

Retama monosperma

Tamarix gallica

Daucus hispidus

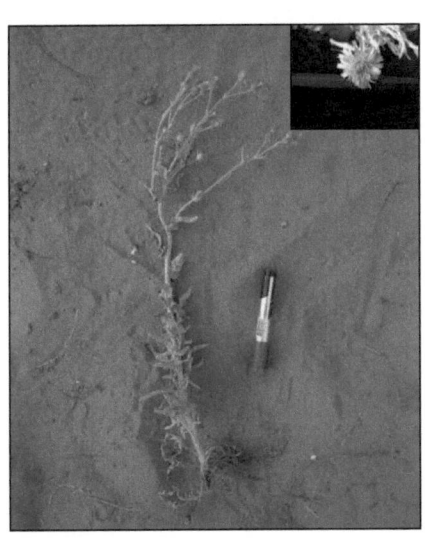

Andryala canariensis ssp.Johandiezii

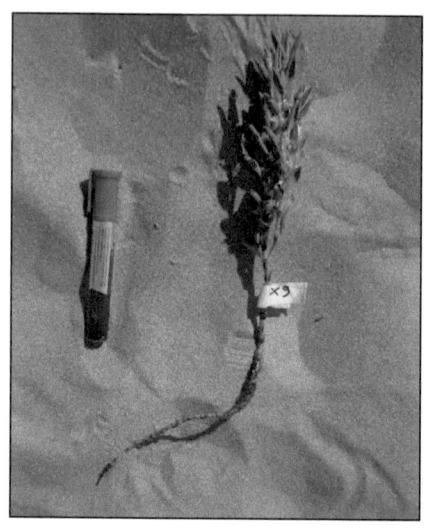

Polygonum maritimum

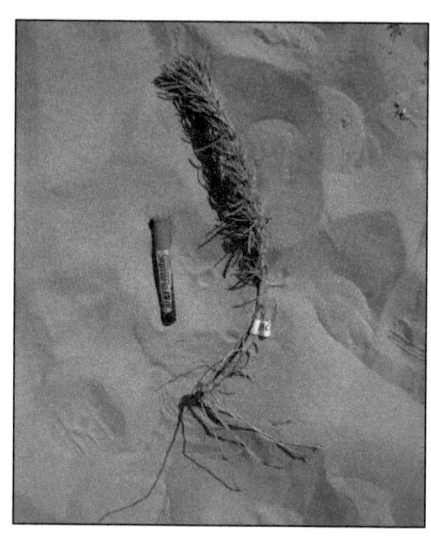

Inula crithmoides

Euphorbia paralias

Lycium intricatum

Juncus acutus

Figure 6: Photographies des espèces végétales récoltées dans les dunes littorales des deux SIBES (Chergui, 2014)

3- La répartition systématique de la flore dans l'ensemble des deux SIBES

Tableau I : Distribution des espèces végétales dans les classes floristiques (Chergui, 2014)

Classe des Dicotylédones	Classe des Monocotylédones
Lotus creticus	*Ammophila arenaria*
Lotus edulis	*Agropyron junceum*
Sarcocornia fructicosa	*Cyperus kali (capitatus)*
Suaeda vera	*Pancratium maritimum*
Orlaya maritima	*Lagarus avatus*
Plantago albicans	*Juncus acutus*
Medicago marina	
Salsola kali	
Hieracium sp	
Euphorbia paralias	
Euphorbia paniculata Desf	
Lycium intricatum	
Inula crithmoides	
Polygunum maritimum	
Daucus hispidus ou Daucus carota ssp. hispanicus	
Andryala canariensis ssp.Johandiezii	
Retama monosprema	
Tamarix gallica	
Erodium chium	
Centaurea seridis	
Crucianella maritima	
Limonium delicatilum	

Carpobrotus edulis	
Eryngium maritimum	
Otanthus maritimus	
Cakile maritima	
Senecio leucanthemifolius ssp.crassifolius	
Launaea arboresens	
Silene colorata	
Anthemis maritima	
Mesenbryanthemum cristallinum	

Les 37 espèces végétales récoltées appartiennent à deux classes floristiques ; celle des dicotylédones et celle des monocotylédones (tableau I). La première classe domine largement la seconde : 84% des espèces récoltées appartiennent à la classe des dicotylédones (figure 7).

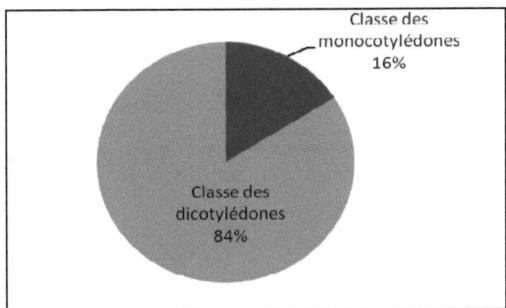

Figure 7 : Pourcentage des classes floristiques dans l'ensemble des deux SIBES (Chergui, 2014)

En termes de famille floristiques les espèces récoltées appartiennent à 19 familles (Tableau II). La famille des Astéracées est la plus représentée (figure 8) avec 22% suivie de celle des Fabacées (11%). La famille des Poacées, des Chénopodiacées et des Ombellifères représentent 8% chacune, alors que la famille des Euphorbiacées et des Aizoacées représentent environ 5% chacune. Les familles floristiques les mois représentées (3% environ chacune) sont : les Caryophyllacées, les Plantaginacées, les Cypéracées, les Crucifères, les Polygonacées, les Amaryllidacées, les Rubiacées, les Tamaricacées, les Géraniacées, les Juncacées, les Plumbaginacées et les Solanacées.

Tableau II : Distribution des espèces végétales dans les familles floristiques (Chergui, 2014)

Espèce floristique	Famille
Hieracium sp	Astéracées (Composées)
Senecio leucanthemifolius	
Anthemis maritima	
Launaea arborescens	
Centaurea seridis	
Inula crithmoides	
Otanthus maritimus	
Andryala canariensis subsp.Johandiezii	
Lotus creticus	Fabacées (Papilionacées)
Lotus edulis	
Medicago marina	
Retama monosperma	
Ammophila arenaria	Poacées (Graminées)
Agropyron junceum	
Lagarus avatus	
Sarcocornia fructicosa	Chénopodiacées
Suaeda vera	
Salsola kali	
Orlaya maritima	Ombellifères
Daucus hispidus	

Eryngium maritimun	
Euphorbia paralias	Euphorbiacées
Euphorbia paniculata	
Mesenbryanthemum cristallinum	
Carpobrotus édulis	Aizoacées
Silene colorata	Caryophyllacées
Cyperus kali	Cypéracées
Cakile maritima	Crucifères
Polygonum maritimum	Polygonacées
Pancratium maritimum	Amaryllidacées
Crucianella maritima	Rubiacées
Tamarix gallica	Tamaricacées
Erodium chium	Géraniacées
Juncus acutus	Juncacées
Limonium delicatilum	Plumbaginacées
Licium intricatum	Solanacées
Plantago albicans	Plantaginacées

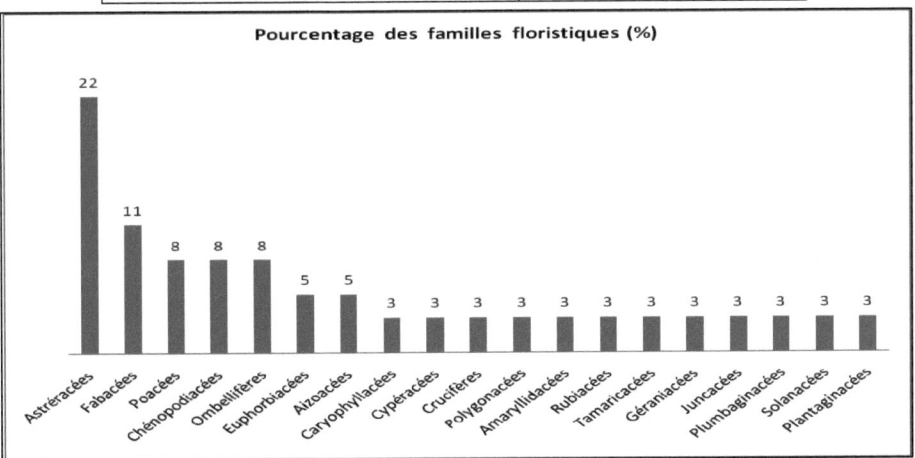

Figure 8 : Pourcentage des familles floristiques dans l'ensemble des deux SIBES (Chergui, 2014)

4- La répartition systématique de la flore dans chaque zone (figure 9)

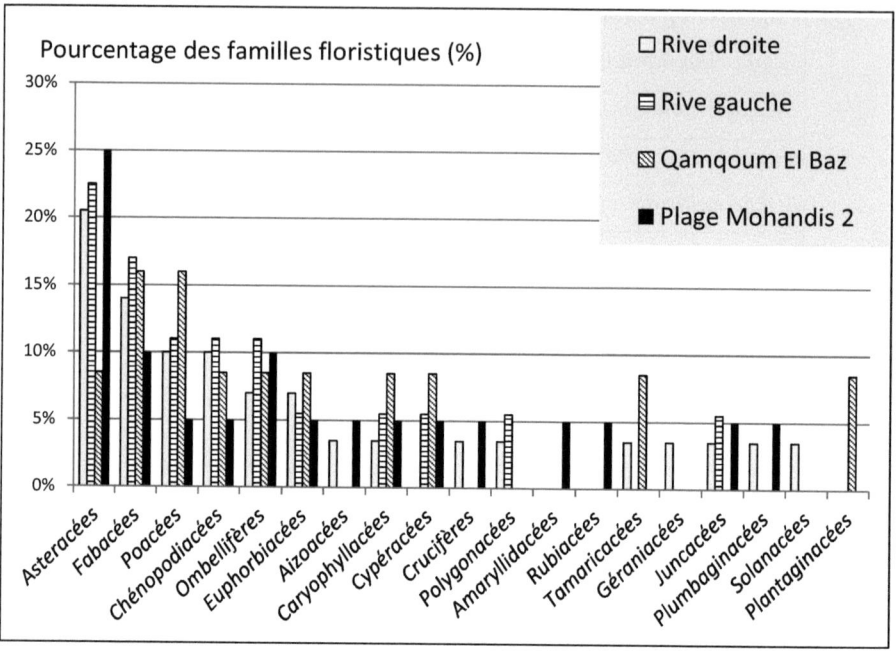

Figure 9 : Pourcentage des familles floristiques dans chaque zone étudiée (Chergui, 2014)

➢ *La rive droite*

Cette zone comporte 29 espèces réparties dans 15 familles. On note la dominance de la famille des Astéracées avec une proportion de 20,5%. La famille des Fabacées représente 14%, celles des Poacées et des Chénopodiacées représentent 10% alors que celles des Ombellifères et des Euphorbiacées montre une proportion de 7% chacune. Les proportions les plus faibles (3,5% chacune) sont celles des familles des Aizoacées, des Caryophyllacées, des Polygonacées, des Tamaricacées, des Géraniacées, des Juncacées, des Plumbaginacées, des Solanacées et des Crucifères.

➤ *La rive gauche*

Cette zone comporte 18 espèces végétales appartenant à 10 familles. Comme c'est le cas de la rive droite, c'est la famille des Astéracées qui prédomine avec une proportion de 22,5%, suivie de celle des Fabacées (17%). Les familles des Poacées, Chénopodiacées et des Ombellifères ont une proportion de 11% chacune, alors que les autres familles (Euphorbiacées, Caryophyllacées, Cypéracées, Polygonacées et Juncacées) montrent les plus faibles pourcentages (5,5% chacune).

➤ *La zone de Qamqoum El Baz*

Les dunes de la plage de Qamqoum El Baz comportent 12 espèces végétales appartenant à 10 familles. Contrairement aux familles des Fabacées et des Poacées qui sont relativement bien représentées (16% chacune), la famille des Astéracées (de même pour les familles des Chénopodiacées, des Ombellifères, des Euphorbiacées, des Caryophyllacées, des Cypéracées, des Tamaricacées et des Plantaginacées) a une faible représentation avec un pourcentage de 8,5%.

➤ *La plage Mohandis II*

Dans ce site on note l'existence de 14 familles floristiques et de 20 espèces végétales dont 25% appartient à la famille des Astéracées. 10% des espèces appartient à la famille des Fabacées, 10% à la famille des Ombellifères, alors que les espèces restantes sont réparties sur les familles des Poacées, des Chénopodiacées, des Euphorbiacées, des Aizoacées, des Caryophyllacées, des Cypéracées, des Crucifères, des Amaryllidacées, des Rubiacées, des Plumbaginacées et des Juncacées avec un pourcentage de 5% chacune.

5-La flore dunaire : biodiversité, similitude et endémisme

Les dunes étudiées sont riche en espèces qui appartiennent surtout à la classe des Dicotylédones. Cette richesse est variable selon les zones étudiées, ainsi la rive droite est nettement plus riche (avec 29 espèces) en espèces végétales que les autres zones. La zone de Qamqoum El Baz parait la moins diversifiée (avec seulement 12 espèces). La rive gauche et la plage Mohandis II a une richesse intermédiaire (18 espèces pour la rive gauche et 20 pour la plage Mohandis II). Les familles floristiques qui dominent en termes d'espèces sont surtout les Astéracées et les Fabacées et à un moindre degré les Poacées, les Chénopodiacées et les Ombellifères.

La famille des Amaryllidacées et des Rubiacées semble exister uniquement dans les dunes de plage Mohandis II et celle des Crucifères uniquement au niveau des dunes de la plage Mohandis II (dont le substrat est riche en calcium) et la rive droite de l'embouchure de la Moulouya.

La végétation des cordons dunaires des sites étudiés présente une similitude d'une part avec celle des dunes littorales atlantiques marocaines et européennes et d'autre part avec les dunes méditerranéennes européennes. Ainsi des espèces comme *Agropyron junceum, Euphorbia paralias, Ammophila arenaria, Eryngium maritimum* et *Cakile maritima* recensées dans notre étude, ont été aussi signalées sur les dunes d'Aquitaine (Atlantique, France) (Forey, 2007). La similitude est encore plus forte avec les dunes méditerranéennes européennes et les dunes atlantiques marocaines. En effet un grand nombre d'espèces citées dans le présent travail, ont été rapportées aussi par Benavent-Olmos et *al.* (2004) dans les dunes littorales de la Devesa d'Albufera (Valencia, côte méditerranéenne-Espagne) ; il s'agit de *Cakile maritima, Ammophila arenaria, Pancratium maritimum, Cyperus capitatus, Lotus creticus, Agropyron junceum, Medicago marina, Eryngium maritimum, Polygonum maritimum, Euphorbia paralias, Otanthus maritimus* et *Crucianella maritima*. Dans les dunes littorales de la façade atlantique marocaine, des espèces comme *Salsola kali, Ammophila arenaria, Agropyron junceum, Andryala canariensis, Lotus creticus, Pancratium maritimum, Cyperus kali, Cakile maritima, Retama monosperma* et *Daucus carota* ont été également inventoriées par Atbib (1983) sur les dunes littorales de la réserve biologique de Mehdia (Atlantique, Maroc).

Toutefois certaines espèces sont endémiques, c'est le cas d'*Andryala canariensis subsp.Johandiezii* qui est une espèce algéro-marocaine (Haloui et *al.* 2003a ; MedWetCoast, 2003 ; Amini et *al.* 2008), de *Licium intricatum* qui est ibéro-marocaine et d'*Euphorbia paniculata* qui est nord-africaine (Haloui et *al.* 2003a).

Chapitre 3 : Ecologie de la flore dunaire littorale

I-Facteurs abiotiques contrôlant la répartition de la flore dunaire

A l'échelle globale et régionale (le Maroc) la répartition de la flore dunaire est conditionnée par le climat. A l'échelle locale (zones dunaires), cette répartition est contrôlée par les facteurs édaphiques ; notamment la salinité du substrat et l'ensablement.

1-La salinité du substrat

L'implication de la salinité dans la répartition de la végétation dunaire a été rapportée par Oosting et Billings (1942) et Sykes et Wilson (1991). Cependant si la salinité du substrat peut contrôler la répartition de la flore dunaire sous climat tempéré méditerranéen (comme c'est le cas du Maroc), son action serait faible sous climat tempéré océanique à cause du lavage du sable par les précipitations abondantes et régulières (Maun et Perumal, 1999).

2-L'ensablement

Le rôle de l'ensablement dans la répartition de la végétation dunaire a été signalé par plusieurs auteurs. C'est ainsi que Barbour et *al* (1985), Moreno-Cassola (1986), Maun et Perumal (1999), Dech et Maun (2005), Forey (2007) impliquent l'ensablement dans la zonation dunaire.

II-Interprétation écologique de la répartition de la flore dunaire dans les zones littorales

1- La plage

Cette zone est dépourvue de végétation à cause de l'action conjointe des vagues, du vent (Atbib, 1983 ; Parisod et Baudière, 2006) et de la salinité (Chergui, 2014).

2 - Les dunes embryonnaires

Sur les dunes embryonnaires, la flore pionnière comme *Agropyron junceum* fixe au départ le sédiment en un massif surélevé, ce qui favorise la lixiviation du sel par les pluies (Huiskes, 1979a,b ; Desfossez et Vanderbecken, 1988) et donc une diminution de la salinité (Jolinon et Le Breton, 1983). Le milieu devenu ainsi moins salin peut alors être colonisé par des végétaux ne supportant pas une salinité excessive du sol, comme c'est le cas d'*Ammophila arenaria* (Huiskes, 1979a,b) qui en prenant le relais transformera ces dunes en dunes vives : c'est le processus de colonisation par facilitation (Chauvin, 1983 ; Shumway, 2000).

Au niveau de l'embouchure de la Moulouya la flore associée à *Ammophila arenaria* est représentée surtout par, *Agropyron junceum, Lotus creticus, Suaeda vera, Salsola kali, Euphorbia paralias* et *Licium intricatum* (figure 10).

D'autres espèces sont très caractéristiques des dunes embryonnaires comme c'est le cas de *Mesenbryanthemum cristallinum, Centaurea seridis, Polygonum maitimum* (figure 10) et *Eryngium maritimum*. Au niveau de Qamqoum El Baz où les dunes embryonnaires sont nettement plus développées, *Ammophila arenaria* est associé à deux espèces principales : *Euphorbia paralias* et *Salsola kali*.

Au niveau de la plage Mohandis II (avec des dunes embryonnaires bien marquées à proximité de la Passe Boukana), la flore associée à *Ammophila arenaria* est constituée d'*Euphorbia paralias, Erygium maritimum, Otanthus maritimus, Pancratium maritimum* et *Cakile maritima*.

Le développement des dunes embryonnaires dans la plage Mohandis II et le site de Qamqoum El Baz serait favorisé par la géomorphologie de la plage. En effet ces édifices dunaires sont d'autant plus développées que la plage soit large et ait une pente faible (Paskoff, 2005). En outre la difficulté d'accès à ces deux sites (falaise morte, passe de Boukana) minimise l'action anthropique (Moulis, 2004).

Figure 10 : Quelques espèces associées à *Ammophila arenaria* au sein des dunes embryonnaires de l'embouchure de la Moulouya (Chergui, 2014)

Comme *Ammophila arenaria,* les espèces qui l'accompagnent sur les dunes embryonnaires, montrent des adaptations particulières aux stress hydrique, salin et à l'ensablement :

-Agropyron junceum (ou chiendent des sables) : plante pérenne pionnière des dunes embryonnaires, résiste bien à l'ensablement grâce à une croissance ascendante en escalier (Parisod et Baudière, 2006) et résiste aussi à l'inondation des marées et à des taux de salinités qui peuvent atteindre 6% (Desfossez et Vanderbecken, 1988). Cette plante prépare le terrain pour l'oyat qui arrive derrière elle (Duvat et *al.* 2010 ; Ley de la Vega et *al.* 2012).

-Cakile maritima : plante annuelle pionnière des dunes embryonnaires, caractérise les plages à forte activité hydrodynamique (Duvat et *al.* 2010) et résiste mieux que le chiendent. Ceci peut expliquer l'absence de ce dernier dans la plage Mohandis II. L'espèce présente des feuilles charnues (Atbib, 1983) dont les vacuoles cellulaires séquestrent le sel et lui permettent dans une certaines mesures de faire des réserves d'eau quand celle-ci est disponible.

-Sarcocornia fructicosa (communément appelé Belbel) : tout comme *Suaeda vera* et *Salsola kali*, elle ajuste sa pression osmotique par concentration du sodium et du chlore dans les feuilles charnues (Heller et *al.*1993).

-Suaeda vera (communément appelé Adjerem) *:* cette plante avec des feuilles charnues (Heller et *al.* 1993), concentre le sodium et le potassium au niveau de la racine ce qui permet à la plante de résister au stress hydrique et salin.

-Lotus creticus (communément appelé Goueraine) *:* le port rampant et le système radiculaire développé permet un bon approvisionnement en eau (Favennec et *al.* 1998).

-Salsola kali (soude brûlée communément appelé Qualli) : cette espèce est très caractéristique des dunes embryonnaires. En plus elle a un grand pouvoir concentrateur de certains ions comme le potassium, le sodium et le chlore ce qui lui permet d'affronter la grande salinité du milieu.

-Mesenbryanthemum crystallinum (communément appelé Lessan el Hamr) : les feuilles charnues permettent également une résistance au stress hydrique et salin. Cette plante halophyte succulente et qui a un métabolisme de type C3 lorsqu'elle est bien alimentée en eau, passe progressivement au type CAM sous l'effet du stress hydrique induit par NaCl (Clos et *al.* 2002).

-Eryngium maritimum (communément appelé Lahiet el Maaza): cette espèce possède des racines très profondes et puissantes (Atbib, 1983 ; Fevennec et *al.* 1998) et résiste à l'ensablement grâce à une croissance en baïonnette (Parisod et Baudière, 2006).

-Pancratium maritimum : l'espèce supporte un saupoudrage modéré. Indiquée comme plante de dune mobile en Méditerranée, cette espèce peut être présente aussi sur le haut de plage en compagnie d'*Agropyron junceum* (Favennec et *al.* 1998).

-Otanthus maritimus : cette plante cotonneuse préfère les zones du transit sableux, tend à former d'importantes colonies et se reproduit facilement par graines ou rhizomes (Favennec et *al.* 1998).

-Euphorbia paralias (communément appelé Ngess) : cette une plante halophile, pionnière des dunes embryonnaires, les racines pivotantes pénètrent profondément dans le sable (Favennec et *al.* 1998).

3- Les dunes mobiles

C'est la zone privilégiée de l'oyat (figure 11). En effet sa croissance et son développement dans cette zone est favorisé par :

- ❖ La faible salinité du substrat liée d'une part à l'éloignement relatif de la dune par rapport à la mer et d'autre part à la topographie élevée de la dune qui conditionne le lessivage du sel par les pluies (Huiskes, 1979a,b ; Jolinon et Le Breton, 1983 ; Desfossez et Vanderbecken, 1988).

❖ L'ensablement qui «stimule» la croissance et le développement de l'oyat (Willis et al. 1959a,b ; Huiskes, 1979a,b ; Desfossez et Vanderbecken, 1988 ; Ley de la Vega et al. 2012).

❖ Présence d'une nappe d'eau douce : Cet habitat dunaire présente la topographie la plus élevée du cordon dunaire. Lors des précipitations, l'eau de pluie s'infiltre à travers le sable et se superpose à la nappe salée puisque sa densité est moindre.

L'oyat tolère peu le sel et elle est très vulnérable aux fortes salinités notamment au stade graine (Chergui et al.2013a). Ainsi *Ammophila arenaria*, espèce caractéristique des dunes vives notamment leurs crêtes (figure 11), est fortement adaptée à son biotope, tant sur le plan morphoanatomique (Chergui et al. 2011) et physiologique (Chergui et al. 2013a) que biochimique (Chergui et al.2013b). Cette espèce joue plusieurs rôles écologiques dont le plus important est la fixation du sable.

Figure 11 : Sommet de la dune vive occupé par *Ammophila arenaria* (rive droite) (Chergui, 2008)

Le cortège floristique accompagnant l'oyat au niveau des dunes vives de l'embouchure de la Moulouya et de Qamqoum El Baz est formé d'espèces comme

Lotus creticus, Lotus edulis, Andryala canariensis ssp.Johandiezii et *Euphorbia paralias*. Plus en arrière apparait *Tamarix gallica* et *Remata monosperma* (figure 12). Cette dernière occupe les parties abritées au vent (Haloui et *al*. 2003a) et fixe les dunes de sable en association au départ avec *Ammophila arenaria* (Khalil, 1999).

Figure 12 : Zone abritée des dunes vives fixées par *Tamarix gallica, Retama monosperma* et *Ammophila arenaria* (rive droite) (Chergui, 2014)

Au niveau de la plage Mohandis II, le cortège floristique accompagnant *Ammophila arenaria* est constitué principalement d'*Andryala canariensis subsp.Johandiezii, Euphorbia paralias* et *Launaea arborescens*.

Launaea arborescens (communément appelé Bou Chlaba), bien que présente dans la dune, n'est pas caractéristique de ce type de milieu. Cette espèce a des affinités sahariennes (Benaradj et *al*. 2012) et sa présence indique plutôt une migration du désert vers nord du pays et un changement climatique.

4- Les dunes semi fixées ou dos des dunes mobiles

Dans cette zone abritée de l'effet de la salinité et où l'apport du sable est faible (Forey, 2007), les espèces qui supportent faiblement le transit sableux et l'action du sel sont bien représentées (comme *Medicago marina*, figure 13), alors que les espèces psammophiles comme l'oyat tendent à disparaitre. En effet l'ensablement est le moteur principal de la croissance et du développement de l'oyat (Willis et *al.* 1959a,b ; Desfossez et Vanderbecken, 1988) puisque cette espèce requiert un apport en sable d'au moins 30cm/ an (Ley de la Vega et *al.* 2012).

Figure 13: Une dune semi fixée occupée par *Medicago marina* (rive droite de l'embouchure de la Moulouya) (Chergui, 2008)

En terme de formation végétale, les dunes semi fixées de l'embouchure de la Moulouya et de Qamqoum El Baz sont marquées surtout par *Retama monosperma* et *Ammophila arenaria*. Ces deux espèces sont accompagnées principalement par *Silene colorata, Lotus creticus, Medicago marina, Orlaya maritima, Lagarus avatus, Cyperus capitatus, Inula crithmoides et Anthemis maritima*.

Dans les dunes semi fixées de la plage Mohandis II, *Ammophila arenaria* disparait pour céder la place à des espèces comme *Carpobrotus edulis, Crucianella maritima, Andryalla canariensis subsp.Johandiezii* (figure 14) et *Hieracium sp*.

Figure 14 : En avant du plan des espèces colonisant les dunes semi fixées, en arrière-plan des espèces de la dune mobile (plage Mohandis II) (Chergui, 2014).

Retama monosperma, Medicago marina, Crucianella maritima, Andryala canariensis subsp.Johandiezii et Carpobrotus edulis sont typiques des dunes en voies de stabilisation :

-*Retama monosperma* : Cette espèce ligneuse fixe au départ les dunes de sable en association avec *Ammophila arenaria* (Khalil, 1999).

-*Médicago marina* (communément appelé Nefel bahari) : Elle tolère peu l'ensablement, adopte une croissance continue souterraine (Parisod et Baudière, 2006) et prospère dans le dos des dunes où elle trouve abris (Favennec et *al.* 1998 ; Chergui, 2008 ; Chergui et *al.* 2009). La pilosité foliaire ralentit notablement les pertes d'eau par évapotranspiration et amortie l'effet des chocs des grains de sable (Chauvin, 1983).

-Crucianella maritima : A part sa puissante racine en pivot, elle ne présente pas une croissance particulièrement adaptée contre l'ensevelissement et semble plutôt s'en protéger en formant des groupes d'individus qui empêchent la destruction du substrat (Parisod et Baudière, 2006). Cette espèce est typique des dunes en voie de stabilisation (CPER, 2007-2013).

-Carpobrotus edulis : Cette espèce colonise les dunes de sable abritées du vent, notamment celles qui séparent la lagune de Nador de la mer du côté de Kariat Arekmane et Boukâna (Amini et *al.* 2008). Il est probable que cette plante soit une espèce exotique envahissante comme c'est le cas de beaucoup de dunes littorales méditerranéennes (Ley de la Vega et *al.* 2012).

-Andryala canariensis subsp.Johandiezii : il s'agit d'une espèce endémique algéro-marocaine qui colonise les dunes des sables abrités du vent de l'Embouchure de la Moulouya (Haloui et *al.* 2003a) et des deux côtés de la passe de Boûkana (MedwetCoast, 2003 ; Amini et *al.* 2008).

5- Les dépressions dunaires ou dunes fixées

L'absence de l'oyat dans les dunes fixées de Qamqoum El Baz serait exclusivement liée au faible ensablement. Cette diminution d'apport en sable est liée aux dunes mobiles qui jouent le rôle de barrière physique (Thomas, 1975). L'absence d'*Ammophila arenaria* dans les dépressions dunaires de l'embouchure de la Moulouya et de la lagune de Nador serait le résultat de l'action conjointe de la diminution de l'ensablement et de la salinité du substrat.

Les salinités dans les dépressions dunaires de l'embouchure de la Moulouya et de la lagune de Nador sont liées :

-A leur proximité respectivement de l'Oued Moulouya (et de Aïn Zebda) et de la lagune de Nador ce qui conditionne la formation de marais temporaires qui donnent suite à la forte évaporation (sous climat semi-aride) des plaines côtières salines (sansouire de Chrarba, dépression d'El Halq et sansouire de la lagune de Nador).

-A la remontée capillaire des eaux de la nappe phréatique salée d'origine marine (Corre, 1971 ; Bellaghmouch et *al*. 2008 ; Melloul, 2009 ; CPER, 2007-2013).

Sous ces conditions (salinité et faible ensablement) les dépressions dunaires de la lagune de Nador et de l'embouchure de la Moulouya sont colonisées surtout par des halophytes adaptées à la salinité du substrat et appartenant à plusieurs familles dont la plus importante en terme d'adaptation est celle des Chénopodiacées (Reimann et Breckle, 1993 ; Storey et Wyn Jones, 1979). Ce groupement d'halophytes est constitué de *Sarcocornia fructicosa, Inula crithmoides, Limonium délicatilum, Juncus acutus* et *Carpobrotus edulis* (figure 15 et figure 16).

Figure 15 : Formation mixte d'halophytes à base de *Sarcocornia fructicosa, Limonium delicatium* et *Juncus acutus* (sansouire de la rive droite) (Chergui, 2014)

Figure 16 : Formation mixte d'halophytes à base d'*Inula crithmoides, Juncus acutus et Sarcocornia fructicosa* (Sansouire de la rive gauche) (Chergui, 2014).

Les dépressions dunaires de Qamqoum El Baz sont occupées par des espèces qui cherchent des secteurs moins salés et abrités du vent comme c'est le cas de *Plantago albicans* et de *Lotus edulis* (figure 17).

Les halophytes des dunes embryonnaires et des dépressions dunaires salées, notamment les chénopodiacées (*Sarcocornia fructicosa, Suaeda vera et Salsola kali*), ont des adaptations physiologiques et biochimiques particulières aux salinités élevées (Levigneron et *al.* 1995), qui leur offrent un grand avantage sur les glycophytes (Hasegawa et *al.* 2000) et les autres halophytes qui tolèrent peu le sel comme *Ammophila arenaria*.

Figure 17 : Formation mixte à base de *Lotus edulis* et de *Plantago albicans* dans les dépressions dunaires de Qamqoum El Baz (Chergui, 2014)

Conclusion

La flore des dunes littorales dans les sites étudiés du SIBE de l'embouchure de la Moulouya et du SIBE de la lagune de Nador est dominée par deux familles principales ; celle des *Asteracées* et celle des *Fabacées* et à un moindre degré par les *Poacées*, les *Chénopodiacées* et les *Ombellifères*. La rive droite de la Moulouya parait floristiquement la plus diversifiée, alors que le site de Qamqoum El Baz est le moins diversifié. La rive gauche de la Moulouya et le site de la plage Mohandis II montrent une biodiversité intermédiaire.

Sur le plan climatique cette végétation fait partie de l'étage thermoméditerranéen avec un bioclimat semi-aride tempéré. La plante la plus typique de ce milieu est *Ammophila arenaria*.

A l'échelle globale et régionale (le Maroc), la répartition de la flore dunaire est conditionnée par le climat. A l'échelle locale (zones littorales), la répartition de cette flore semble être contrôlée par deux facteurs écologiques abiotiques majeurs ; l'ensablement et la salinité du substrat.

L'oyat est bien adapté à son biotope dunaire. Grace à ces adaptations, cette xérophyte et halophyte, joue plusieurs rôles écologiques dont le plus important est la fixation du sable.

Les dunes littorales du SIBE de l'embouchure de la Moulouya et de la lagune de Nador sont actuellement sous une pression anthropique intense qui menace leur équilibre écologique et leur biodiversité. En effet en absence d'une loi du littoral et d'un plan de gestion intégrée qui assure un développement durable dans ces zones côtières, les pressions anthropiques ne peuvent que s'amplifier et l'évolution de l'écosystème dunaire ne peut être que régressive, surtout avec les travaux d'aménagement de la station balnéaire de Saïdia et de la future station balnéaire de la lagune de Nador.

Annexe

Dunes littorales de la rive droite de l'Embouchure de la Moulouya (Chergui, 2014)

Dunes littorales de la rive gauche de l'Embouchure de la Moulouya (Chergui, 2014)

Dunes littorales de la plage Mohandis II (Chergui, 2014)

Dunes littorales de Qamqoum El Baz (Chergui, 2014)

Références bibliographiques

Amini T., Thattabi A., Ezzahiri M. & Zine El Abidine A. (2008). Cartographie des groupements végétaux des sites : lagune de Nador, Commune de Beni Chiker et commune de Boudinar. Projet ACCMA, Ecole Nationale Forestière d'Ingénieures, Salé, 46p.

Atbib M. (1983). Etude phytoécologique de la réserve biologique de Mehdia (littoral atlantique du Maroc) : la végétation du milieu dunaire. Bulletin de l'Institut Scientifique. Rabat, N°7, 112p.

Atbib M. (1988). La végétation du littoral du Maroc septentrional. Thèse de Doc. Es-science, Univ. Med V, Rabat, 273p.

Barbour M.G., De Jong T.D. & Pavlik B.M. (1985).Marine beach and dune plant communities. In : Physiological ecology of North Americain plant communities (eds B.F.Chabot & H.A. Mooney). Chapman and Hall, New York.

Bellaghmouch F. Z., Ezzahiri M., Khattabi A. & Belghazi B. (2008). Déscription écologique du site Saïdia-Ras El Ma. Programme Adaptation aux changements climatiques en Afrique. Ecole Nationale Forestière d'Ingénieurs, Salé, Maroc, 29p.

Benaradj A., Bouazza M. & Boucherit H. (2012). Diversité floristique du peuplement à *Pistacia atlantica* Desf. Dans la région de Béchar (Sud-ouest algérien). Mediterranea. Serie de Estudios Biologicos ; 23 : 66-89.

Benavent-Olmos J.M., Collado-Rosique P., Marti-Grespo R., Muñoz-Caballe A., Quintano-Trenor A., Sănchez-Codoñer A. & Vizcaino-Matarredona A. (2004). La restauracion de las dunas littorales de la Devesa de l'Albufera de Valencia. Valencia, 65p.

Benhoussa A. & Daki M. (2003b). Lagune de Nador: Cartographie des habitats et repartition des principaux taxons. Rapp.inédit, projet MedWetCoast-Maroc, PNUE/Secr. Etat Envir./Départ. Eaux et Forêts, Maroc, 35p.

Benhoussa A. & Dakki M. (2003a). Embouchure de l'oued Moulouya : Cartographie des habitats et répartition des principaux taxons. Rapp. Inédit, projet MedWetCoast- Maroc, PNUE/ Secr. Etat Envir./Départ. Eaux et Forêts, Maroc, 40p.

Bouraada K. (1996). Le peuplement des végétaux et Coléoptères des dunes fixées par des graminées vivaces dans le Maroc Oriental. Thèse de $3^{\text{ème}}$ cycle, Univ. Med I, Oujda, 137p.

Brown A. C. Y. & McLachlan A. (1994). Ecology of sandy shores. Elsevier, Amsterdam.

Carter R.W.G. (1988) : Coastal Environments. An Introduction to the Physical, Ecologicaland Cultural Systems of Coastlines. Academic Press.

Carter R.W.G. (1990). The geomorphology ofcoastal dunes in Ireland. En : Bakker, Th. W.,Jungerious, P.D. y Klijn, J.A. (eds), Dunes ofEuropean coasts ; geomorphology-hydrology-soils. Catena Supplement; 18 : 31-40.

Chauvin G. (1983). La vie dans les dunes. Edition Ouest France, 64p.

Chavanon G. (2003). Diagnostic des invertébrés terrestres de l'Embouchure de la Moulouya. Rapp. Inédit, projet MedWetCoast- Maroc, PNUE/ Secr. Etat Envir./Départ. Eaux et Forêts, Maroc, 87p.

Chergui A. (2008).Contribution à l'étude de la végétation des dunes bordières de l'Embouchure de la Moulouya : cas de l'oyat (Ammophila arenaria L.). Mem. Univ. Mohamed Premier. Oujda, 94p.

Chergui A., El Hafid L. & Melhaoui M. (2009). Caractéristiques de l'oyat (*Ammophila arenaria*), plante des habitats côtiers du littoral de Saidia (méditerranée-Maroc). International Workshop on "Integrated Coastal Zone Management", Izmir, Turkey, pp. 69-76.

Chergui A., El Hafid L. & Melhaoui M. (2011). The Contribution of the Study of the Bordering Dunes Vegetation in the Moulouya Embochure: The Marram Grass (*Ammophila arenaria L.*) case. Journal of Materials and Environmental Science; 2(S1): 552-555.

Chergui A., El Hafid L. & Melhaoui M. (2013a). The effects of temperature, hydric & saline stress on the germination of marram grass seeds (*Ammophila arenaria* L.) of the SIBE of Moulouya embouchure (Mediterranean – North-eastern Morocco). Research Journal of Pharmaceutical, Biological and Chemical Sciences; 4(1): 1333-1339.

Chergui A., El Hafid L. & Melhaoui M. (2013b). The effects of hydric and saline stress on the soluble sugars of marram grass roots (*Ammophila arenaria* L.). Research Journal of Pharmaceutical, Biological and Chemical Sciences; 4 (3): 927-934.

Chergui A. (2014). Contribution à l'étude floristique des dunes littorales et à l'étude écophysiologique de l'oyat (*Ammophila arenaria* L.) dans la région méditerranéenne orientale du Maroc. Thèse Doct. Univ. Mohammed 1. Oujda, 264p.

Clos J., Coupé M., Muller Y. (2002). Biologie des organismes 2. Les rythmes biologiques chez les animaux et les végétaux. Ellipses Edition Marketing S.A, Paris, 317p.

Corre J.J. (1971). Etude d'un massif dunaire le long du littoral méditerranéen. Structure et dynamique du milieu et de la végétation. Coll. Phytosoc ; I : 201- 224.

CPER. (2007-2013). Contrat de Projet Etat –Région : Gérer durablement le Littoral-Etudes Stratégiques et prospectives sur l'évolution des risques littoraux. Module 2 : Stratégies d'adaptation. Fonds National d'Aménagement et de Développement du Territoire. Opération soutenue par la Région Languedoc-Roussillon. France, 48p.

Dakki M. (2006). Le site d'intérêt biologique et écologique de l'embouchure de la Moulouya : caractéristiques et potentialités. Projet MedWetCoast-Maroc, 54p.

Dech J.P. & Maun M.A. (2005). Zonation of vegetation along a burial gradient on the leeward slopes of Lake Huron sand dunes. Canadian Journal of Botany; 83: 227-236.

Desfossez P. & Vanderbecken A. (1988). Revue Garde : revue d'information des agents techniques des collectivités locales, chargés de l'entretien, la gestion et l'animation, des sites du conservatoire de l'Espace Littoral et des Rivages Lacustres, Paris, N°5, 16p.

Duvat V, Queney B.T, Auby C.C & Prat C.M. (2010). Roland Paskoff et les littoraux : regards de chercheurs. L'Harmattan, Paris, 361p.

FAO. (1988). Manuel de fixation des dunes, conservation-18. Organisation des nations unies pour l'alimentation et l'agriculture. Rome, pp. 2- 15.

Favennec J. & coll. (1998). Guide de la flore des dunes littorales non boisées. Edition Sud-Ouest, 167p.

Favennec J. (2001). Le contrôle souple des dunes littorales atlantiques. Office National des Forêts. Rev.For. fr.LIII. Numéro spécial.pp.279-287.

Favennec J., Queney Y.B., Dermaux B., Veillé F., Gouguet L. & Bertin V. (2007). Evolution de la question des dunes. RDV technique n° 17. Office National des Forêts, 57p.

Forey E. (2007). Importance de la perturbation, du stress et des interactions biotiques sur la diversité végétale des dunes littorales d'Aquitaine. Thèse doctorat, 267p.

Gehu-Franck.J. (1975).Recherches édaphiques sur les Ammophilaies Atlantiques Européennes. Cavanilles. Anal. Inst. Bot ; 32(2) : 1007-1020.

Grace J. & Russell G. (1982). The effect of wind and reduced supply of water on the Growth and Water relations of *Festuca arundinacea* Schreb. Annals of Botany; 49: 217-225.

Guelorget O. & Perthuisot J.P. (1983).Le domaine paralique : Expressions géologiques, biologiques et économiques du confinement. Trav.Lab.Géol. ENS. Paris, 16, 136p.

Haloui B., avec la collaboration de Ibn Tattou M & Hammada S. (2003a). Flore de l'embouchure de la Moulouya . Rapp. Inédit, Projet MedWetCoast-Maroc,PNUE/Secr.Etat Envir./Départ. Eaux & Forêts, Maroc, 88p.

Haloui B., avec la collaboration de Ibn Tattou M & Hammada S. (2003b). Flore de la lagune de Nador . Rapp. Inédit, Projet MedWetCoast-Maroc,PNUE/Secr.Etat Envir./Départ. Eaux & Forêts, Maroc, 53p.

Hasegawa P.M., Bressan RA., Zhu J.K. & Bohnert H.J. (2000). Plant cellular and molecular responses to high salinity. Ann.Rev. Plant.Physiol; 51: 463-499.

Heller R., Esnault R. & Lance C. (1993). Physiologie végétale: 1-Nutrition. Masson, Paris, 294p.

Huiskes A.H.L. (1979a). Biological flora of the British Isles. J. Ecology; 67: 363-382.

Huiskes A.H.L. (1979b). Damage to marram grass, *Ammophila arenaria*, by larvae of *Meromyxa pratorum* (Deptera). Halarctic Ecology; 2: 182-185.

Irzi Z. (2001). Les environnements du littoral méditerranéen du Maroc compris entre l'oued Kiss et le Cap des Trois Fourches : dynamique sédimentaire et évolution et écologie des Foraminifères benthiques et de la lagune de Nador. Thèse Doc. Etat ès-Sci.Fac. Sci. Rabat, 291p+annexes.

Jaulin S. & Soldati F. (2005). Les dunes littorales du Languedoc-Roussillon : Guide méthodologique d'évaluation de leur état de conservation à travers l'étude des cortèges spécialisés de Coléoptères. Office pour les insectes et leur environnement du Languedoc-Roussillon. Millas, 58p.

Jolinon J-C. & Le Breton A-M. (1983). Le milieu dunaire dans le Languedoc. Compte rendu des séances de la société de Biogéographie. 18p.

Khalil A. (1999). Flore du Maroc oriental : Etude floristique et biogéographique, dynamique de la croissance et analyse architecturale des principales espèces climaciques arborées. Thèse de Doc d'état, univ. Med I, Oujda, pp. 16-33.

Khattabi A., Rifai N. & *al.* (2008). Aspects physiques du littoral méditerranéen oriental, 98p.

Laouina A. (2006). Le littoral marocain, milieux côtiers et marins. 216p.

Levigneron A., Lopez F., Vansyt G., Berthomieu P., Fourcroy P. & Casse-Delbart F. (1995). Les plantes face au stress salin. Cahiers Agriculture ; 4 : 263-273.

Levitt J. (1972). Responses of plants to environmental stress. New York: Academic press, 697p.

Ley de la Vega C., Favennec J., Gallego-Fernández J. & Pascual Vidal C. (2012). Conservation des dunes côtières. Restauration et gestion durables en Méditerranée occidentale. UICN, Gland, Suisse et Malaga, Espagne, 124p.

Martinez, M. L. & Psuty N. (2004). Coastal Dunes: Ecology and Conservation. Heidelberg, Germany : Springer-Verlag.

Maun M.A. & Perumal J. (1999). Zonation of vegetation on lacustrine coastal dunes : Effects of burial by sand. Ecology letters; 2: 14-18.

May L.H. & Milthrope F.L. (1962). Drought resistance of crop plants. Field Crop Abstr; 15: 171-179.

MedwetCoast. (2003). Phase diagnostic. Rapport de synthèse Site « lagune de Nador », 102p.

Melhaoui M. & El Hafid L. (2008). De l'approche GIZC à la mise en place du contrat d'espace littoral : cas de la zone littorale Moulouya-Saïdia (Méditerranée marocaine). Lile, France. Actes du colloque international pluridisciplinaire. Le littoral : subir, dire, agir. 7p.

Melloul A., Boughriba M. & Boufaida M. (2009). Etude de la contamination des ressources en eaux souterraines et cartographie de la vulnérabilité d'un aquifère soumis au climat semi-aride méditerranéen : cas de la plaine côtière de Saıdia, Maroc. Sécheresse; 20 (2) : 223-231.

Moreno-Cassola P. (1986). Sand movement as a factor in the distribution of plants communities in a coastal dune system. Vegetatio; 65: 67-76.

Moulis D. (2004). Compte rendu de la mission d'expertise sur le littoral Nord- Est Marocain dans le cadre du projet MedWetCoast, 11 p.

Olivier L., Emmanuelle M., Nolwen M. & Toutous L. (2006). Comment peut-on concilier l'activité économique de Camping et la préservation de la biodiversité sur un habitat prioritaire la dune fixée ?. Université de de Rennes I, 31p.

Oosting H.J. & Billings W.D. (1942). Factors affecting vegetation zonation on coastal dunes. Ecology; 23: 131-142.

Parisod C. & Baudière A. (2006). Flore du littoral sableux : description et conservation de la plage roussillonnaise en tant que théâtre écologique de l'évolution. Bull. Société Vaudoise des Sciences Naturelles ; 90 : 47-62.

Paskoff R. (2005). Caractérisation et gestion d'un type de dune littorale : Les avants dunes. Sécheresse; 16 (4): 247-253.

Reimann C. & Breckle S.W. (1993). Sodium relations in Chenopodiaceae: a comparative approach. Plant Cell Environ; 16: 323-328.

Ripley B.S. (2002). The ecophysiology of selected Coastal pioneer plants of the Eastern Cape. Thèse, Rhodes University .

Shumway S.W. (2000). Facilitative effects of a sand dune shrub on species growing beneath the shrub canopy. Oecologia ; 124 : 138-148.

Storey R. & Wyn J. (1979). Responses of Atriplex spongiosa and Suaeda monoica to salinity. Plant Physiol; 63: 156-162.

Sulzlee C. (1963). Les dunes d'Essaouira. Revue forestière française ; 5 :401-418.

Sykes M.T. & Wilson J.B. (1991). Vegetation of coastal sand dune system in Southern New Zealand. Journal of vegetation science; 2: 531-538.

Thomas Y. (1975). Action éolienne en milieu littoral. La pointe de la courbe. Mem. Lab. Géomorph. E.P.H.E.29, 146+56p.

Willis A J., Folkes B.F., Hope –Simpson J.F. & Yemm E. W. (1959a). Braunton Burrows: The dune system and its vegetation. Part I.J. Ecology; 47: 1-24.

Willis A J., Folkes B.F., Hope –Simpson J.F. & Yemm E. W. (1959b). Braunton Burrows: The dune system and its vegetation. Part II.J. Ecology; 47: 249-288.

Yura H. & Ogura A. (2006). Sand blasting as a possible factor controlling the distribution of plants on a coastal dune system. Plant Ecology; 185: 199-208.

I want morebooks!

Buy your books fast and straightforward online - at one of the world's fastest growing online book stores! Environmentally sound due to Print-on-Demand technologies.

Buy your books online at
www.get-morebooks.com

Achetez vos livres en ligne, vite et bien, sur l'une des librairies en ligne les plus performantes au monde!
En protégeant nos ressources et notre environnement grâce à l'impression à la demande.

La librairie en ligne pour acheter plus vite
www.morebooks.fr

OmniScriptum Marketing DEU GmbH
Heinrich-Böcking-Str. 6-8
D - 66121 Saarbrücken
Telefax: +49 681 93 81 567-9

info@omniscriptum.com
www.omniscriptum.com

Printed by Books on Demand GmbH, Norderstedt / Germany